もくじ

東京書籍版
新編　新しい算数
5年　準拠

JN081477

教科書の内容

ジ

教科書の内容　　　　　　　　　　　　　　　　　　　　　　　ページ

下　教科書

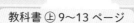

1　整数と小数のしくみをまとめよう

／100点

1 □にあてはまる数字を書きましょう。　　　　1つ10〔20点〕

❶ $25.08 = 10 \times \boxed{} + 1 \times \boxed{} + 0.1 \times \boxed{} + 0.01 \times \boxed{}$

❷ 8.562 は、0.001 を $\boxed{}$ 個集めた数です。

2 次の数は、それぞれ〔　〕の中の数を何倍した数ですか。

1つ10〔20点〕

❶　345　〔3.45〕

（　　　　　）

❷　5850　〔5.85〕

（　　　　　）

3 次の数は、それぞれ〔　〕の中の数を何分の一にした数ですか。

1つ10〔20点〕

❶　25.8　〔2580〕

（　　　　　）

❷　0.754　〔75.4〕

（　　　　　）

4 計算をしましょう。

1つ10〔40点〕

❶　4.85×100

❷　87.6×1000

❸　62.1÷100

❹　99.8÷1000

かくにん 1

1　整数と小数のしくみをまとめよう

1 □にあてはまる不等号を書きましょう。　　　1つ9〔18点〕

❶ 1 □ 1.001　　　　　❷ 23 □ 24.5−5

2 1、2、4、7、9、.（小数点）の6まいのカードをすべてならべて、20にいちばん近い数をつくりましょう。　〔10点〕

□□□□□□　　　　（　　　　　　　）

3 次の数は、それぞれ 0.502 を何倍した数ですか。　1つ9〔18点〕

❶ 50.2　　　　　　　❷ 5020

（　　　　　　　）　　　　（　　　　　　　）

4 次の数は、それぞれ 32.8 を何分の一にした数ですか。1つ9〔18点〕

❶ 3.28　　　　　　　❷ 0.328

（　　　　　　　）　　　　（　　　　　　　）

5 計算をしましょう。　　　　　　　　　1つ9〔36点〕

❶ 0.581×100　　　　❷ 0.2×1000

❸ 5.84÷10　　　　　❹ 800÷1000

答えは
65ページ

2　直方体や立方体のかさの比べ方と表し方を考えよう

❶ もののかさの表し方

／100点

1 １辺が１cm の立方体の積み木を、下の図のように積みました。体積は何cm³ ですか。

1つ12〔36点〕

❶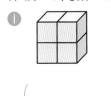

❷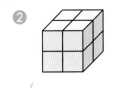

❸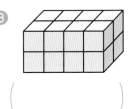

(　　　　　　)　(　　　　　　)　(　　　　　　)

2 下の立方体や直方体の体積は何cm³ ですか。

1つ13〔52点〕

❶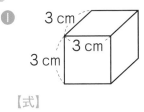

3 cm
3 cm
3 cm

❷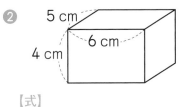

5 cm
6 cm
4 cm

【式】　　　　　　　　　　　　【式】

答え(　　　　　　)　　答え(　　　　　　)

3 下の図は直方体の展開図です。この直方体の体積を求めましょう。

1つ6〔12点〕

１cm
１cm

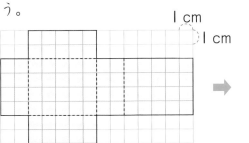
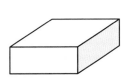

【式】

答え(　　　　　　)

2　直方体や立方体のかさの比べ方と表し方を考えよう
❶ もののかさの表し方

／100点

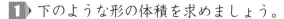

1 下のような形の体積を求めましょう。

1つ8〔64点〕

❶
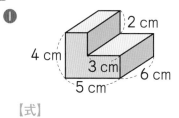

【式】

答え（　　　　　　　　）

❷
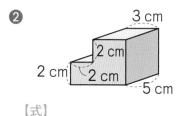

【式】

答え（　　　　　　　　）

❸
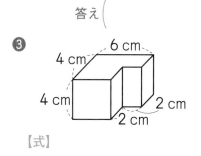

【式】

答え（　　　　　　　　）

❹
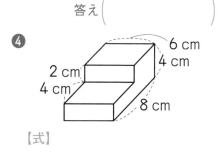

【式】

答え（　　　　　　　　）

2 下のような形の体積を求めましょう。

1つ9〔36点〕

❶
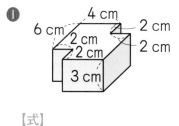

【式】

答え（　　　　　　　　）

❷
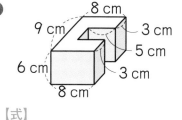

【式】

答え（　　　　　　　　）

答えは
65ページ

月　　　日

 10分

2　直方体や立方体のかさの比べ方と表し方を考えよう
❷ いろいろな体積の単位

／100点

1▶ 右の立方体について答えましょう。　　　　　1つ14〔28点〕

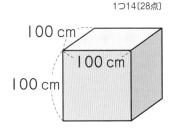
100 cm
100 cm
100 cm

❶　この立方体の体積は何cm³ ですか。

(　　　　　　　　　　　　　)

❷　この立方体の体積は何m³ ですか。

(　　　　　　　　　　　　　)

2▶ □にあてはまる数を書きましょう。　　　　　1つ12〔36点〕

❶　500cm³ は [　　　　] mL です。

❷　4000cm³ は [　　　　] L です。

❸　内のりのたて、横、深さがすべて同じ長さの入れ物の容積が

　　1L のとき、入れ物の内のりの 1 辺の長さは [　　　　] cm です。

3▶ 厚さ 1cm の板で、右のような直方体の形をした入れ物を作りました。この入れ物の容積は何cm³ ですか。また、何L ですか。　　1つ18〔36点〕

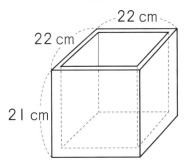
22 cm
22 cm
21 cm

【式】

答え (　　　　　　　　、　　　　　　　　)

答えは 65ページ

2 直方体や立方体のかさの比べ方と表し方を考えよう
❷ いろいろな体積の単位

/100点

1 下の直方体や立方体の体積を求めましょう。　1つ10〔40点〕

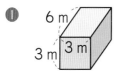
❶ 6 m　3 m　3 m

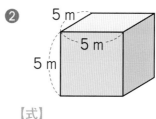
❷ 5 m　5 m　5 m

【式】

【式】

答え（　　　　　　　）

答え（　　　　　　　）

2 □ にあてはまる数を書きましょう。　1つ10〔30点〕

❶ 6 m³ は □ cm³ です。

❷ 5L は □ cm³ です。

❸ 300 cm³ は □ mL です。

3 右の水そうに、水が 54L 入っています。いっぱいにするには、水をあと何L入れればよいですか。　1つ15〔30点〕

【式】

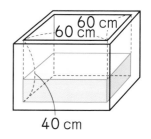
60 cm　60 cm　40 cm

答え（　　　　　　　）

答えは65ページ

3　変わり方を調べよう⑴

/100点

1 ▶ 下の図のように、直方体の高さが 1 cm、2 cm、3 cm、…と変わると、それにともなって体積はどのように変わるか調べました。

1つ20〔100点〕

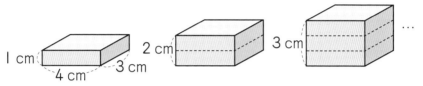

1 cm
4 cm　3 cm
2 cm
3 cm
…

❶　高さ□cm が 2 cm、3 cm、4 cm、…のとき、体積○cm³ はそれぞれ何cm³ になりますか。下の表の⑦〜⑦にあてはまる数を書きましょう。

高さ□(cm)	1	2	3	4
体積○(cm³)	12	⑦	⑦	⑦

⑦(　　　　　)　⑦(　　　　　)　⑦(　　　　　)

❷　上の直方体で、□(高さ)が 2 倍になると、○(体積)はどのように変わりますか。

(　　　　　　　　　)

❸　上の直方体では、体積は高さに比例します。⑤にあてはまる数を書きましょう。

⑤ × □ = ○
高さ　体積

(　　　　　　　　　)

かくにん **4**

3　変わり方を調べよう⑴

/100点

1 1mの重さが 30g のはり金があります。このはり金の長さが 1m、2m、3m、…と変わると、それにともなって重さはどのように変わるか調べました。

1つ15〔90点〕

❶　長さ□m が 2m、3m、4m、…のとき、重さ○g はそれぞれ何 g になりますか。下の表の㋐〜㋒にあてはまる数を書きましょう。

長さ□(m)	1	2	3	4
重さ○(g)	30	㋐	㋑	㋒

㋐(　　　　　　)　㋑(　　　　　　)　㋒(　　　　　　)

❷　重さ○g は長さ□m に比例していますか。

(　　　　　　　　　)

❸　長さ□m と重さ○g の関係を式に表しましょう。

(　　　　　　　　　)

❹　長さが 10m のときの重さは何 g ですか。(　　　　　　)

2 次のともなって変わる 2 つの量で、○が□に比例しているのはどれですか。

〔10点〕

㋐　1m120 円のリボンを□m 買うときの、代金○円

㋑　3km の道のりを□km 歩いたときの、残りの道のり○km

㋒　面積が 12cm² の長方形の、たての長さ□cm と横の長さ ○cm

(　　　　　　)

答えは
66ページ

4　かけ算の世界を広げよう ①

／100点

1 235×25=5875 をもとにして、次の積を求めましょう。

① 23.5×25

② 235×2.5　　1つ10〔30点〕

③ 23.5×2.5

2 計算をしましょう。　　1つ10〔60点〕

① 78×4.3

② 3.5×2.7

③ 2.1×7.23

④ 5.24×1.5

⑤ 0.31×1.6

⑥ 0.25×3.4

3 1m の重さが 1.46kg の木のぼうがあります。この木のぼう 1.8m の重さは何 kg ですか。　　1つ5〔10点〕

【式】

答え（　　　　　　　　）

4　かけ算の世界を広げよう ①

／100点

1 671×36＝24156 をもとにして、次の積を求めましょう。
1つ10〔30点〕

① 6.71×36

② 67.1×3.6

③ 6.71×3.6

2 計算をしましょう。
1つ10〔60点〕

① 983×3.3

② 2.5×3.1

③ 7.24×2.5

④ 0.4×3.2

⑤ 1.25×1.2

⑥ 0.22×3.5

3 1L の重さが 0.85kg の油があります。この油 2.6L の重さは何 kg ですか。
1つ5〔10点〕

【式】

答え（　　　　　　　　）

答えは 66ページ

きほん 6

4 かけ算の世界を広げよう ②

10分

／100点

1 積が、8 より小さくなるのはどれですか。　〔9点〕

　　㋐ 8×2.01　　　　㋑ 8×0.98　　　　㋒ 8×1.01

　　（　　　　　　　）

2 計算をしましょう。　1つ13〔52点〕

　❶ 7.5×0.9　　　　　　　　❷ 0.8×0.6

　❸ 0.7×0.04　　　　　　　❹ 2.35×0.2

3 □ にあてはまる数を書きましょう。　1つ13〔39点〕

　❶ 2.3×2.5×4＝2.3×□＝□

　❷ 1.8×2.5＋8.2×2.5＝（□＋□）×□

　　　　　　　＝□×□＝□

　❸ 5.6×1.2−0.6×1.2＝（□−□）×□

　　　　　　　＝□×□＝□

答えは
66ページ

4　かけ算の世界を広げよう ②

／100点

1 □にあてはまる数を書きましょう。　〔10点〕

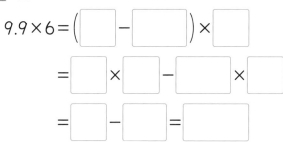

$$9.9 \times 6 = (\boxed{} - \boxed{}) \times \boxed{}$$

$$= \boxed{} \times \boxed{} - \boxed{} \times \boxed{}$$

$$= \boxed{} - \boxed{} = \boxed{}$$

2 くふうして計算しましょう。　1つ13〔78点〕

① 5.6×4×2.5

② 1.2×4+1.3×4

③ 7.8×4.7+2.2×4.7

④ 3.4×2.8−2.4×2.8

⑤ 19.8×4

⑥ 12.1×9

3 たてが 3.7m、横が 1.9m の長方形の形をした花だんの面積は何m² ですか。　1つ6〔12点〕

【式】

答え(　　　　　　　　　)

答えは
66ページ

きほん **7**

教科書 ㊤ 53〜60 ページ

月　　　日

5　わり算の世界を広げよう ①

／100点

1 2.5 m のぼうの重さをはかったら、550 g でした。このぼう 1 m の重さは何 g ですか。　1つ10〔20点〕

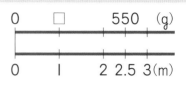

【式】

答え（　　　　　　　　）

2 342÷36＝9.5 をもとにして、次の商を求めましょう。

❶ 34.2÷3.6　　　　　　❷ 3.42÷0.36　　1つ10〔20点〕

3 わりきれるまで計算しましょう。　1つ10〔40点〕

❶ 2.52÷1.8　　　　　　❷ 60.2÷8.6

❸ 2.92÷7.3　　　　　　❹ 12÷4.8

4 商は四捨五入して、上から 2 けたのがい数で求めましょう。

❶ 5.3÷1.9　　　　　　❷ 23.1÷3.7　　1つ10〔20点〕

答えは
66ページ

東書版・算数 5 年— **15**

かくにん 7

5　わり算の世界を広げよう ①

／100点

1 わりきれるまで計算しましょう。 1つ10〔60点〕

❶ 2.52÷1.2

❷ 9.18÷2.04

❸ 14.4÷0.6

❹ 5.92÷7.4

❺ 1.44÷6.4

❻ 48÷6.4

2 商が最も大きくなるものと、最も小さくなるものを、それぞれ
㋐〜㋓から選んで、記号で答えましょう。 1つ10〔20点〕

㋐ 7÷10　　㋑ 7÷0.02　　㋒ 7÷0.9　　㋓ 7÷1.1

最も大きく
なるもの（　　　　）　　最も小さく
なるもの（　　　　）

3 2.6 m の重さが 6.18 kg のパイプがあります。このパイプ
1 m の重さは何 kg ですか。答えは四捨五入して、上から 2 け
たのがい数で求めましょう。 1つ10〔20点〕

【式】

答え（　　　　　　　）

答えは
66ページ

5　わり算の世界を広げよう ②
小数の倍

／100点

1 商は一の位まで求めて、あまりも出しましょう。また、検算も
しましょう。　〔20点〕

283÷6.3

商 [　　　　] あまり [　　　　]

検算　6.3× [　　　] ＋ [　　　] ＝ [　　　]

2 右の表のような長さのひもがあります。　1つ15〔60点〕

❶　赤のひもの長さをもとにすると、白、青の
ひもの長さは、それぞれ何倍ですか。

白 (　　　　)　青 (　　　　)

❷　白のひもの 1.5 倍、0.5 倍の長さのひもは、
それぞれどの色のひもですか。

1.5 倍 (　　　　)　0.5 倍 (　　　　)

ひもの長さ

	長さ(m)
赤	4
白	8
黄	12
緑	5
青	2

3 A という本と B という本の、
20 年前と今のねだんは、右のよ
うになっています。20 年前と今
を比べて、ねだんの上がり方が大
きいのは、どちらといえますか。

〔20点〕

〈20 年前〉	〈今〉
A　500 円 ➡ 710 円	
B　350 円 ➡ 560 円	

(　　　　　　　　)

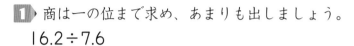

かくにん 8

5 わり算の世界を広げよう ②
小数の倍

／100点

1 商は一の位まで求め、あまりも出しましょう。　1つ12〔24点〕

16.2÷7.6

商 (　　　　　)　あまり (　　　　　)

2 あやのさんの今の身長は 150cm で、1 年生のときの身長の 1.2 倍です。1 年生のときの身長は何 cm でしたか。　1つ12〔24点〕

【式】

答え (　　　　　)

3 右の表は、りょうたさんの家からの道のりを表しています。　1つ13〔52点〕

家からの道のり

場所	道のり(km)
学校	0.9
駅	3.6

❶ 学校までの道のりをもとにすると、駅までの道のりは何倍ですか。

【式】

答え (　　　　　)

❷ 駅までの道のりをもとにすると、学校までの道のりは何倍ですか。

【式】

答え (　　　　　)

答えは
66ページ

きほん 9

6 形も大きさも同じ図形を調べよう

／100点

1 下の図で、合同な図形はどれとどれですか。記号で答えましょう。

1つ12〔36点〕

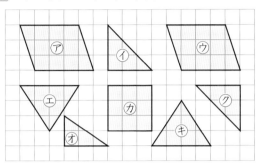

(⎵ と ⎵)

(⎵ と ⎵)

(⎵ と ⎵)

2 下の2つの三角形は合同です。

1つ12〔48点〕

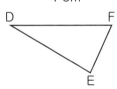

❶ 辺 AB に対応する辺、角 C に対応する角を答えましょう。

辺 AB (⎵) 角 C (⎵)

❷ 辺 DE の長さは何 cm ですか。また、角 F の大きさは何度ですか。

辺 DE (⎵) 角 F (⎵)

3 下の図で、1本の対角線で分けたとき、できた2つの三角形が合同になるものはどれですか。

〔16点〕

⑦ ひし形 ⑦ 平行四辺形 ⑦ 台形

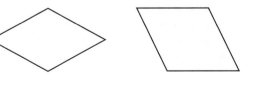

(⎵)

6　形も大きさも同じ図形を調べよう

/100点

1 次の三角形をかきましょう。

1つ20〔60点〕

① 2つの辺の長さが3cm、3.5cmで、その間の角の大きさが40°の三角形

② 3つの辺の長さが4cm、3cm、2.5cmの三角形

③ 1つの辺の長さが4cmで、その両はしの角の大きさが70°と45°の三角形

2 下の平行四辺形 ABCD と合同な平行四辺形をかきましょう。〔40点〕

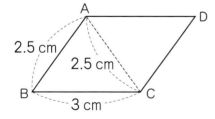

2.5cm

2.5cm

3cm

答えは
67ページ

きほん 10

7　図形の角を調べよう
❶ 三角形と四角形の角
❷ しきつめ

／100点

1 ▶ □にあてはまる数やことばを書きましょう。 1つ10〔40点〕

❶　三角形の3つの角の大きさの和は、□°になります。

❷　5本の直線で囲まれた図形を□、6本の直線で囲まれた図形を□といい、そのような直線で囲まれた図形を□といいます。

2 ▶ ⑦、④、⑨の角度は何度ですか。計算で求めましょう。

1つ10〔30点〕

❶　二等辺三角形

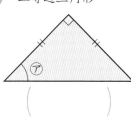
（　　　　　）

❷
④
40°　60°
（　　　　　）

❸
70°
⑨
115°　75°
（　　　　　）

3 ▶ ⑦、④、⑨の角度は何度ですか。計算で求めましょう。

1つ10〔30点〕

❶
25°
50°　⑦
（　　　　　）

❷
④
110°　75°
（　　　　　）

❸
80°
135°
⑨
（　　　　　）

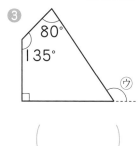

月　　日

7　図形の角を調べよう
❶ 三角形と四角形の角
❷ しきつめ

/100点

1 多角形は１つの頂点から対角線をひいていくつかの三角形に分けられます。下の表は分けられた三角形の数と多角形の角の大きさの和をまとめたものです。⑦〜エにあてはまる数や角度を書きましょう。　　　　　1つ10〔40点〕

	三角形	四角形	五角形	六角形
三角形の数	1	2	3	⑦
角の大きさの和	180°	⑦	①	エ

⑦（　　　　　）　①（　　　　　）　⑦（　　　　　）　エ（　　　　　）

2 ⑦、①、⑦の角度は何度ですか。計算で求めましょう。1つ10〔30点〕

❶ 30° ⑦

❷ 25° 110° ①

❸ 85° 130° 80° ⑦

（　　　　　）　　　（　　　　　）　　　（　　　　　）

3 ⑦、①、⑦の角度は何度ですか。計算で求めましょう。1つ10〔30点〕

❶ 105° 115° ⑦

❷ 70° 125° ①

❸ １組の三角定規

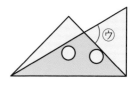

（　　　　　）　　　（　　　　　）　　　（　　　　　）

答えは
67ページ

8 整数の性質を調べよう

❶ 偶数と奇数
❷ 倍数と公倍数

/100点

1 1 から 10 までの偶数(ぐうすう)を、全部書きましょう。　〔10点〕

(　　　　　　　　　)

2 1、2、3 の数字を 1 回ずつ使ってできる 3 けたの整数のうちで、いちばん小さい偶数はいくつですか。　〔10点〕

(　　　　　　　　　)

3 次の数の倍数を、小さいほうから 3 つ求めましょう。　1つ8〔16点〕

❶ 5 (　　　　　　)　❷ 9 (　　　　　　)

4 (　) の中の数の公倍数を、小さいほうから 3 つ求めましょう。また、最小公倍数を求めましょう。　1つ8〔64点〕

❶ (5、6)　　　　　　❷ (3、6)

(　　　　　　)　　　(　　　　　　)

最小公倍数(　　　　)　最小公倍数(　　　　)

❸ (4、14)　　　　　❹ (6、10)

(　　　　　　)　　　(　　　　　　)

最小公倍数(　　　　)　最小公倍数(　　　　)

8　整数の性質を調べよう

❶ 偶数と奇数

❷ 倍数と公倍数

10分

/100点

1 （　）の中の数の公倍数を、小さいほうから 3 つ求めましょう。

1つ10〔40点〕

① （8、10）　　　　　　　（　　　　　　　　　）

② （9、12）　　　　　　　（　　　　　　　　　）

③ （4、7）　　　　　　　（　　　　　　　　　）

④ （5、30）　　　　　　　（　　　　　　　　　）

2 （　）の中の数の最小公倍数を求めましょう。　　　1つ10〔40点〕

① （4、5、6）　　　　　　② （5、7、9）

（　　　　　　）　　　　　　（　　　　　　）

③ （2、6、9）　　　　　　④ （3、4、8）

（　　　　　　）　　　　　　（　　　　　　）

3 たて 6cm、横 10cm の長方形の紙を、
同じ向きにすきまなくしきつめて、正方
形を作ります。　　　1つ10〔20点〕

① いちばん小さい正方形の 1 辺の長
さは何cm ですか。

（　　　　　　　　　）

② いちばん小さい正方形を作るのに、　（　　　　　　　　　）
長方形の紙は何まい必要ですか。

答えは
67ページ

月　　　日

8　整数の性質を調べよう
❸ 約数と公約数

／100点

1 次の数の約数を全部求めましょう。　　1つ6〔36点〕

❶ 4　（　　　　　）　❷ 6　（　　　　　）

❸ 9　（　　　　　）　❹ 15　（　　　　　）

❺ 20　（　　　　　）　❻ 24　（　　　　　）

2 （　）の中の数の公約数を、全部求めましょう。　　1つ6〔24点〕

❶ （6、8）（　　　　　）　❷ （8、12）（　　　　　）

❸ （15、20）（　　　　　）　❹ （16、24）（　　　　　）

3 （　）の中の数の最大公約数を求めましょう。　　1つ6〔24点〕

❶ （16、20）（　　　　　）　❷ （25、35）（　　　　　）

❸ （21、42）（　　　　　）　❹ （32、40）（　　　　　）

4 たて 8cm、横 20cm の方眼紙があります。この方眼紙から
同じ大きさの正方形を、むだのないように切り取っていきます。
正方形の 1 辺の長さがいちばん大きくなるのは何cm のときで
すか。　　〔16点〕

（　　　　　）

答えは
67ページ

8　整数の性質を調べよう
❸ 約数と公約数

10分

／100点

1 （　）の中の数の公約数を、全部求めましょう。　　　　1つ10〔40点〕

❶ （2、6）　（　　　　　　　）　　❷ （12、16）（　　　　　　）

❸ （18、24）（　　　　　　　）　　❹ （24、32）（　　　　　　）

2 （　）の中の数の最大公約数を求めましょう。　　　　1つ10〔40点〕

❶ （7、35、42）（　　　　　）　　❷ （15、20、35）（　　　　）

❸ （18、27、45）（　　　　　）　　❹ （22、34、40）（　　　　）

3 りんごが 24 個、みかんが 56 個あります。あまりが出ないように、それぞれ同じ数ずつ、できるだけ多くの人数で分けます。分ける人数は何人ですか。　　　　〔10点〕

（　　　　　　　）

4 えん筆 54 本とペン 72 本を、あまりが出ないように、それぞれ同じ数ずつ、できるだけ多くの子どもに配ります。配る本数はそれぞれ何本ずつになりますか。　　　　〔10点〕

えん筆（　　　　　）　ペン（　　　　　）

答えは
67ページ

9 分数と小数、整数の関係を調べよう

❶ わり算と分数

/100点

1 次のわり算の商を、分数で表しましょう。　　　　　1つ6〔36点〕

① 4÷7　　　　② 5÷3　　　　③ 7÷6

（　　　　）　　（　　　　）　　（　　　　）

④ 2÷9　　　　⑤ 8÷7　　　　⑥ 15÷8

（　　　　）　　（　　　　）　　（　　　　）

2 □にあてはまる数を書きましょう。　　　　　1つ6〔24点〕

① $\dfrac{1}{6}$ = □ ÷6　　　　② $\dfrac{2}{7}$ = □ ÷7

③ $\dfrac{11}{9}$ = 11÷ □　　　　④ $\dfrac{14}{3}$ = 14÷ □

3 たかしさんとさとるさんがけんすいをしました。たかしさんは6回、さとるさんは7回できました。たかしさんは、さとるさんの何倍できましたか。分数で答えましょう。　　1つ8〔16点〕

【式】

答え（　　　　　　）

4 分数で答えましょう。　　　　　1つ8〔24点〕

① 3kg は、7kg の何倍ですか。　　　　　　（　　　　　）

② 4m は、5m の何倍ですか。　　　　　　（　　　　　）

③ 9L を1とみると、10L はいくつにあたりますか。　　（　　　　　）

9 分数と小数、整数の関係を調べよう
❶ わり算と分数

1 次のわり算の商を、分数で表しましょう。　　1つ6〔36点〕

① 7÷4 （　　　）　② 3÷5 （　　　）　③ 6÷11 （　　　）

④ 14÷15 （　　　）　⑤ 7÷3 （　　　）　⑥ 9÷5 （　　　）

2 □にあてはまる数を書きましょう。　　1つ6〔24点〕

① $\frac{9}{2}=9÷\boxed{}$　　② $\frac{7}{9}=\boxed{}÷9$

③ $\frac{3}{10}=3÷\boxed{}$　　④ $\frac{20}{7}=\boxed{}÷7$

3 5mのひもを4等分した1本分の長さを、分数で表しましょう。

【式】　　1つ8〔16点〕

答え（　　　　　）

4 右の表は、野球選手たちのホームランの数をまとめたものです。　　1つ8〔24点〕

① Aのホームランの数をもとにすると、B、Cのホームランの数は、それぞれ何倍ですか。

ホームランの数

選手	ホームランの数(本)
A	17
B	5
C	22

B（　　　　　）　C（　　　　　）

② BはCの何倍のホームランを打っていますか。（　　　　　）

答えは68ページ

月　　　日

9　分数と小数、整数の関係を調べよう
❷ 分数と小数、整数の関係

／100点

1 分数と小数で表しましょう。　　　　　　　　　　1つ10〔40点〕

❶ 1 L のジュースを 4 人で等分した 1 人分のかさ

分数（　　　　　）　　小数（　　　　　）

❷ 4 m のリボンを 5 人で等分した 1 人分の長さ

分数（　　　　　）　　小数（　　　　　）

2 分数を小数で表しましょう。　　　　　　　　　　1つ9〔18点〕

❶ $\dfrac{2}{5}$　　　　　　　　　　　❷ $\dfrac{11}{8}$

（　　　　　）　　　　　　　　　（　　　　　）

3 小数を分数で表しましょう。　　　　　　　　　　1つ9〔18点〕

❶ 0.8　　　　　　　　　　　❷ 4.01

（　　　　　）　　　　　　　　　（　　　　　）

4 $\dfrac{4}{5}$ と 0.6 をそれぞれ下の数直線に表しましょう。また、どちらが大きいですか。　　　　　　　　　　1つ8〔24点〕

（　　　　　）

9　分数と小数、整数の関係を調べよう

❷ 分数と小数、整数の関係

/100点

1 次の分数を、小数や整数で表しましょう。　　1つ8〔48点〕

❶ $\dfrac{4}{5}$

❷ $\dfrac{7}{8}$

（　　　　　）　　　　　　　　（　　　　　）

❸ $\dfrac{3}{2}$

❹ $\dfrac{10}{4}$

（　　　　　）　　　　　　　　（　　　　　）

❺ $\dfrac{81}{9}$

❻ $3\dfrac{1}{4}$

（　　　　　）　　　　　　　　（　　　　　）

2 次の小数や整数を、分数で表しましょう。　　1つ8〔32点〕

❶ 0.7

❷ 0.59

（　　　　　）　　　　　　　　（　　　　　）

❸ 6

❹ 1.07

（　　　　　）　　　　　　　　（　　　　　）

3 □にあてはまる等号や不等号を書きましょう。　　1つ5〔20点〕

❶ $\dfrac{5}{8}$ □ 0.63

❷ $\dfrac{7}{4}$ □ 1.75

❸ 2.7 □ $2\dfrac{4}{5}$

❹ 0.6 □ $\dfrac{2}{5}$

答えは
68ページ

きほん 15

10　分数のたし算、ひき算を広げよう

❶ 分数のたし算、ひき算と約分、通分 ①

/100点

1 次の分数を約分しましょう。　　　　　　　　　　1つ8〔32点〕

① $\dfrac{12}{18}$ （　　　　） ② $\dfrac{35}{20}$ （　　　　）

③ $1\dfrac{21}{36}$ （　　　　） ④ $\dfrac{84}{14}$ （　　　　）

2 次の分数を約分して、$\dfrac{3}{4}$ と大きさの等しい分数を見つけましょう。　　　　　　　　　　〔8点〕

㋐ $\dfrac{6}{10}$　　㋑ $\dfrac{12}{16}$　　㋒ $\dfrac{14}{21}$　　㋓ $\dfrac{27}{36}$ （　　　　）

3 次の分数を通分して大小を比べ、☐にあてはまる等号や不等号を書きましょう。　　　　　　　　　　1つ10〔20点〕

① $\dfrac{5}{7}$ ☐ $\dfrac{7}{8}$ ② $\dfrac{42}{36}$ ☐ $\dfrac{7}{6}$

4 （　）の中の分数を通分しましょう。　　　　　　1つ10〔40点〕

① $\left(\dfrac{2}{3}、\dfrac{1}{5}\right)$ ② $\left(1\dfrac{3}{4}、1\dfrac{1}{6}\right)$

（　　、　　） （　　、　　）

③ $\left(\dfrac{1}{3}、\dfrac{1}{4}、\dfrac{1}{6}\right)$ ④ $\left(\dfrac{3}{4}、\dfrac{7}{6}、\dfrac{5}{8}\right)$

（　　、　　、　　） （　　、　　、　　）

10　分数のたし算、ひき算を広げよう
❶ 分数のたし算、ひき算と約分、通分 ①

／100点

1 次の分数を約分しましょう。　　　　　　1つ8〔48点〕

❶ $\dfrac{15}{27}$　　（　　　　　）　　❷ $\dfrac{28}{12}$　　（　　　　　）

❸ $1\dfrac{18}{30}$　　（　　　　　）　　❹ $\dfrac{75}{15}$　　（　　　　　）

❺ $\dfrac{63}{54}$　　（　　　　　）　　❻ $2\dfrac{12}{24}$　　（　　　　　）

2 次の分数を通分して大小を比べ、□ にあてはまる不等号を書きましょう。　　　　　　1つ8〔16点〕

❶ $\dfrac{5}{6}$ □ $\dfrac{11}{12}$　　　　　　❷ $2\dfrac{3}{5}$ □ $2\dfrac{5}{9}$

3 （　）の中の分数を通分しましょう。　　　　　　1つ9〔36点〕

❶ $\left(\dfrac{1}{2}、\dfrac{1}{6}\right)$　　　　　　❷ $\left(1\dfrac{4}{15}、2\dfrac{7}{20}\right)$

（　　　、　　　）　　　　（　　　、　　　）

❸ $\left(\dfrac{1}{2}、\dfrac{2}{3}、\dfrac{5}{9}\right)$　　　　❹ $\left(\dfrac{2}{3}、\dfrac{7}{8}、\dfrac{5}{12}\right)$

（　　　、　　　、　　　）　　（　　　、　　　、　　　）

答えは
68ページ

きほん 16

10　分数のたし算、ひき算を広げよう
❶ 分数のたし算、ひき算と約分、通分 ②

／100点

1 ▶ 計算をしましょう。　　　　　　　　　　　　　　　1つ10〔40点〕

① $\dfrac{1}{3}+\dfrac{2}{5}$

② $\dfrac{3}{2}+\dfrac{1}{9}$

③ $\dfrac{3}{4}-\dfrac{2}{3}$

④ $\dfrac{9}{7}-\dfrac{1}{2}$

2 ▶ □にあてはまる数を書きましょう。　　　　　　　　1つ10〔20点〕

① $\dfrac{1}{6}+\dfrac{7}{10}=\dfrac{□}{30}+\dfrac{□}{30}=\dfrac{□}{30}=\dfrac{□}{15}$

② $\dfrac{7}{6}-\dfrac{5}{12}=\dfrac{□}{12}-\dfrac{5}{12}=\dfrac{□}{12}=\dfrac{□}{4}$

3 ▶ 計算をしましょう。　　　　　　　　　　　　　　　1つ10〔40点〕

① $\dfrac{5}{4}+\dfrac{1}{6}$

② $\dfrac{5}{3}-\dfrac{1}{6}$

③ $\dfrac{1}{2}+\dfrac{3}{4}+\dfrac{3}{8}$

④ $\dfrac{2}{3}-\dfrac{1}{9}-\dfrac{1}{6}$

答えは 68ページ

10　分数のたし算、ひき算を広げよう

❶ 分数のたし算、ひき算と約分、通分 ②

／100点

1 計算をしましょう。

1つ10〔60点〕

① $\dfrac{1}{7} + \dfrac{2}{3}$

② $\dfrac{5}{6} + \dfrac{7}{9}$

③ $\dfrac{3}{4} - \dfrac{7}{12}$

④ $\dfrac{11}{8} - \dfrac{5}{6}$

⑤ $\dfrac{7}{6} + \dfrac{1}{3} - \dfrac{5}{4}$

⑥ $\dfrac{5}{7} - \dfrac{5}{8} + \dfrac{3}{4}$

2 重さが$\dfrac{6}{5}$kg の品物を、$\dfrac{3}{10}$kg の箱に入れます。全部で何kg になりますか。

1つ10〔20点〕

【式】

答え（　　　　　　　）

3 $\dfrac{13}{6}$dL のジュースがあります。$\dfrac{7}{4}$dL 飲みました。あと何dL 残っていますか。

1つ10〔20点〕

【式】

答え（　　　　　　　）

答えは
68ページ

きほん 17

10　分数のたし算、ひき算を広げよう

❷　いろいろな分数のたし算、ひき算

❸　時間と分数

　10分

／100点

1 □にあてはまる数を書きましょう。　　　　　　　　1つ10〔40点〕

① $2\dfrac{2}{3}+\dfrac{1}{4}=2\dfrac{\boxed{}}{12}+\dfrac{\boxed{}}{12}=\boxed{}\dfrac{\boxed{}}{12}$

② $2\dfrac{2}{3}+\dfrac{1}{4}=\dfrac{\boxed{}}{3}+\dfrac{1}{4}=\dfrac{\boxed{}}{12}+\dfrac{\boxed{}}{12}=\dfrac{\boxed{}}{12}=\boxed{}\dfrac{\boxed{}}{12}$

③ $\dfrac{1}{4}+0.7=\dfrac{1}{4}+\boxed{}=\boxed{}+\boxed{}=\boxed{}$

④ $\dfrac{1}{4}+0.7=\boxed{}+0.7=\boxed{}$

2 計算をしましょう。　　　　　　　　　　　　　　　1つ10〔60点〕

① $2\dfrac{1}{7}+1\dfrac{2}{3}$　　　　　　② $1\dfrac{5}{6}+\dfrac{7}{18}$

③ $3\dfrac{4}{5}-2\dfrac{2}{3}$　　　　　　④ $3\dfrac{1}{3}-\dfrac{1}{4}$

⑤ $\dfrac{1}{6}+0.5$　　　　　　⑥ $\dfrac{7}{8}-0.75$

答えは
69ページ

10　分数のたし算、ひき算を広げよう
❷ いろいろな分数のたし算、ひき算
❸ 時間と分数

／100点

1 計算をしましょう。

1つ8〔64点〕

❶ $2\frac{1}{3} + 1\frac{3}{8}$

❷ $1\frac{3}{10} + 1\frac{5}{6}$

❸ $2\frac{3}{5} + \frac{1}{6}$

❹ $3\frac{6}{7} - 2\frac{5}{6}$

❺ $2\frac{7}{10} - 1\frac{1}{2}$

❻ $1\frac{3}{4} - \frac{1}{6}$

❼ $0.3 + \frac{2}{5}$

❽ $\frac{4}{3} - 0.2$

2 □にあてはまる分数を書きましょう。

1つ9〔36点〕

❶ 20 分 = □ 時間

❷ 3 分 = □ 時間

❸ 33 秒 = □ 分

❹ 110 分 = □ 時間

答えは
69ページ

きほん 18

11　ならした大きさを考えよう
❶ 平均と求め方
❷ 平均の利用

／100点

1　次の量や人数、点数の平均を求めましょう。　1つ14〔42点〕

❶　19L、18L、24L、15L

（　　　　　）

❷　35人、28人、37人、32人、30人、36人

（　　　　　）

❸　8点、7点、0点、6点、8点、10点

（　　　　　）

2　下の表は、先週けいこさんが読書をした時間を表したものです。先週けいこさんは1日に平均何分間の読書をしましたか。　1つ15〔30点〕

読書の時間

曜日	月	火	水	木	金	土	日
時間(分)	55	35	45	35	40	45	60

【式】

答え（　　　　　）

3　1日に平均20ページずつ本を読むと、20日間では全部で何ページ読むことになりますか。　1つ14〔28点〕

【式】

答え（　　　　　）

かくにん **18**

教科書 下 19〜24 ページ

月　　日

10分

11　ならした大きさを考えよう

❶ 平均と求め方

❷ 平均の利用

／100点

---

1 次の重さや長さの平均を求めましょう。　　　1つ12〔24点〕

❶ 20g、30g、25g、35g、15g　　（　　　　　　）

❷ 0m、5m、0m、8m　　　　　　（　　　　　　）

2 下の重さは、箱の中から5個のみかんを取り出してはかった
ものです。　　　1つ13〔52点〕

110g　135g　120g　140g　120g

❶ 5個のみかんの重さの平均は何gですか。

【式】

答え（　　　　　　　）

❷ 　箱に5kg分のみかんが入っているとき、入っているみかん
の個数は何個と考えられますか。

【式】

答え（　　　　　　　）

3 ゆみさんたち4人が、それぞれ同じテニスボールの直径をは
かったら、下のようになりました。このデータから、テニスボー
ルの直径は何cmと考えられますか。　　　1つ12〔24点〕

6.6 cm　6.9 cm　6.8 cm　6.5 cm

【式】

答え（　　　　　　　）

答えは
69ページ

12　比べ方を考えよう⑴

❶ こみぐあい

❷ いろいろな単位量あたりの大きさ

／100点

1▶ 右の表は、南公園と北公園の面積と、そこで遊んでいる子どもの人数を調べたものです。　1つ12〔72点〕

公園の面積と子どもの人数

	面積(m²)	人数(人)
南公園	300	48
北公園	480	60

❶ 1 m² あたりの子どもの人数はそれぞれ何人ですか。

【式】

答え　南公園(　　　　　)　　北公園(　　　　　)

❷ 1人あたりの面積はそれぞれ何m² ですか。

【式】

答え　南公園(　　　　　)　　北公園(　　　　　)

❸ 南公園と北公園では、どちらがこんでいますか。(　　　　　)

❹ 南公園のこみぐあいと、西公園のこみぐあいは同じです。
西公園の面積が 250 m² のとき、子どもは何人いますか。

(　　　　　)

2▶ 10本で 800 円のジュース A と 6 本で 510 円のジュース B
では、1本あたりのねだんはどちらが安いですか。　1つ14〔28点〕

【式】

答え(　　　　　)

12　比べ方を考えよう(1)
❶ こみぐあい
❷ いろいろな単位量あたりの大きさ

/100点

1 右の表を見て、A県、B県の人口密度を、四捨五入して上から2けたのがい数で求めましょう。

1つ14[28点]

県の面積と人口

	面積(km²)	人口(万人)
A県	5124	753
B県	7253	368

【式】

答え　A県(　　　　　　)　B県(　　　　　　)

2 ガソリン12Lで126km走る乗用車と、ガソリン15Lで141km走るトラックがあります。

1つ12[48点]

❶　ガソリン1Lあたりに走る道のりが長いのは、どちらの車ですか。

【式】

答え(　　　　　　)

❷　乗用車でガソリンを20L使うと、何km走りますか。

【式】

答え(　　　　　　)

3 1dLで0.8m²の板がぬれるペンキで、8.4m²の板をぬるには、何dLのペンキがいりますか。

1つ12[24点]

【式】

答え(　　　　　　)

答えは
69ページ

12 比べ方を考えよう⑴

❸ 速さ ①

/100点

1 右の表は、さとしさんとこう
たさんが走ったきょりと、かか
った時間を表したものです。

1つ8〔72点〕

走ったきょりと時間

	きょり(m)	時間(秒)
さとし	60	10
こうた	80	16

❶ 1秒間に何m走りましたか。

〈さとし〉【式】

答え（　　　　）

〈こうた〉【式】

答え（　　　　）

❷ 1m走るのに何秒かかりましたか。わりきれないときは、
$\dfrac{1}{1000}$ の位を四捨五入して答えましょう。

〈さとし〉【式】

答え（　　　　）

〈こうた〉【式】

答え（　　　　）

❸ さとしさんとこうたさんでは、どちらが速いですか。

（　　　　）

2 3時間に144km走るトラックの速さは、時速何kmですか。

【式】

1つ7〔14点〕

答え（　　　　）

3 1kmを20分間で歩きました。分速何mで歩きましたか。

【式】

1つ7〔14点〕

答え（　　　　）

答えは
69ページ

教科書 ⓣ 33～36 ページ

月　　日

12 比べ方を考えよう⑴
❸ 速さ①

／100点

1 右の表は、Ａさんと Ｂさんが自転車で走ったきょりと、かかった時間を表したものです。　1つ8〔40点〕

走ったきょりと時間

	きょり(m)	時間(分)
A	2600	10
B	1500	6

❶ 1分間あたりに走ったきょりを求めましょう。

〈A〉【式】

答え（　　　　　）

〈B〉【式】

答え（　　　　　）

❷ ＡさんとＢさんでは、どちらが速いですか。（　　　　　）

2 ハトが、30分間で27000m飛びました。このハトの飛ぶ速さは、分速何mですか。また、秒速と時速も求めましょう。

【式】　　　　　　　　　　　　　　　　1つ15〔30点〕

答え（　　　　　、　　　　　、　　　　　）

3 急行列車が2時間で216km進みました。この急行列車の速さは、時速何kmですか。また、分速と秒速も求めましょう。

【式】　　　　　　　　　　　　　　　　1つ15〔30点〕

答え（　　　　　、　　　　　、　　　　　）

答えは70ページ

月　　日

12　比べ方を考えよう(1)

❸ 速さ ②

／100点

1 ▶ 分速 500 m で走るオートバイは、20 分間に何 km 進みますか。

【式】　　　　　　　　　　　　　　　　　　　　1つ10〔20点〕

答え（　　　　　　　　　）

2 ▶ 秒速 10 m で泳ぐイルカは、20 秒間で何 m 進みますか。

【式】　　　　　　　　　　　　　　　　　　　　1つ10〔20点〕

答え（　　　　　　　　　）

3 ▶ 分速 60 m で歩く人が、1500 m 歩くのにかかる時間は何分ですか。

　　　　　　　　　　　　　　　　　　　　　　1つ10〔20点〕

【式】

答え（　　　　　　　　　）

4 ▶ 秒速 2 m で泳ぐペンギンは、300 m 進むのに何分何秒かかりますか。

　　　　　　　　　　　　　　　　　　　　　　1つ10〔20点〕

【式】

答え（　　　　　　　　　）

5 ▶ 分速 200 m の自転車は、1.7 km 走るのに何分何秒かかりますか。

　　　　　　　　　　　　　　　　　　　　　　1つ10〔20点〕

【式】

答え（　　　　　　　　　）

答えは
70ページ

月　　　日

12　比べ方を考えよう(1)

❸ 速さ ②

/100点

1 分速 18 km で飛ぶ飛行機は、10 秒間で何 km 進みますか。

【式】　　　　　　　　　　　　　　　　　　　　1つ10〔20点〕

答え（　　　　　　　）

2 時速 72 km で走るトラックは、25 分間で何 km 進みますか。

【式】　　　　　　　　　　　　　　　　　　　　1つ10〔20点〕

答え（　　　　　　　）

3 秒速 12 m で走る自動車で、トンネルを走る時間をはかった
ら、4 分かかりました。トンネルの長さは何 m ですか。　1つ10〔20点〕

【式】

答え（　　　　　　　）

4 時速 48 km で走る自動車が、120 km 進むのにかかる時間は
何時間何分ですか。　　　　　　　　　　　　　　1つ10〔20点〕

【式】

答え（　　　　　　　）

5 分速 600 m で進む船は、7.5 km 進むのに何分何秒かかりま
すか。　　　　　　　　　　　　　　　　　　　　1つ10〔20点〕

【式】

答え（　　　　　　　）

答えは
70ページ

13　面積の求め方を考えよう
❶ 平行四辺形の面積の求め方

／100点

1 次の平行四辺形の面積を求めましょう。

1つ10〔80点〕

❶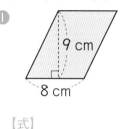

9 cm
8 cm

【式】

答え（　　　　　　）

❷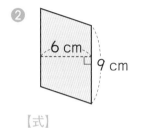

6 cm
9 cm

【式】

答え（　　　　　　）

❸

12 cm
4 cm

【式】

答え（　　　　　　）

❹

1 cm
1 cm

【式】

答え（　　　　　　）

2 右の平行四辺形の面積は 72 cm² です。
□にあてはまる数を求めましょう。

1つ10〔20点〕

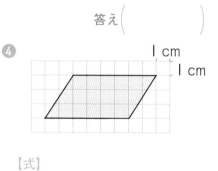

8 cm
□ cm

【式】

答え（　　　　　　）

13　面積の求め方を考えよう
❶ 平行四辺形の面積の求め方

/100点

1 次の平行四辺形の面積を求めましょう。　　1つ8〔64点〕

①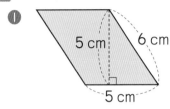

【式】

答え（　　　　　）

②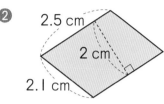

【式】

答え（　　　　　）

③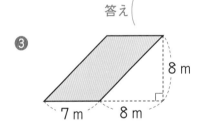

【式】

答え（　　　　　）

④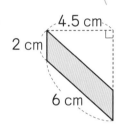

【式】

答え（　　　　　）

2 カとキの直線は平行です。⑦、⑦の平行四辺形の面積は何cm²ですか。　　1つ9〔36点〕

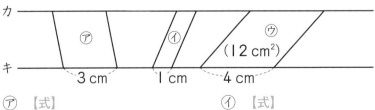

⑦【式】

答え（　　　　　）

⑦【式】

答え（　　　　　）

答えは70ページ

13　面積の求め方を考えよう
❷ 三角形の面積の求め方 ①

/100点

1▶ 次の三角形の面積を求めましょう。

1つ11〔88点〕

❶
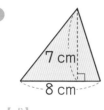
7 cm
8 cm

【式】

答え（　　　　　）

❷
10 cm
3 cm

【式】

答え（　　　　　）

❸
5 m
6 m

【式】

答え（　　　　　）

❹
1 cm
1 cm
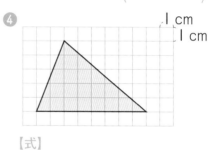

【式】

答え（　　　　　）

2▶ カとキの直線は平行です。面積が㋐の三角形と等しいのはどれ
ですか。

〔12点〕

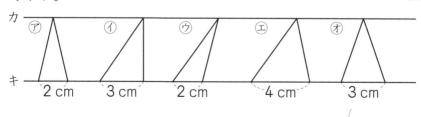

カ
キ
㋐　　　　㋑　　　　㋒　　　　㋓　　　　㋔
2 cm　　3 cm　　2 cm　　4 cm　　3 cm

（　　　　　）

13　面積の求め方を考えよう
❷ 三角形の面積の求め方 ①

／100点

1 次の三角形の面積を求めましょう。

1つ8〔64点〕

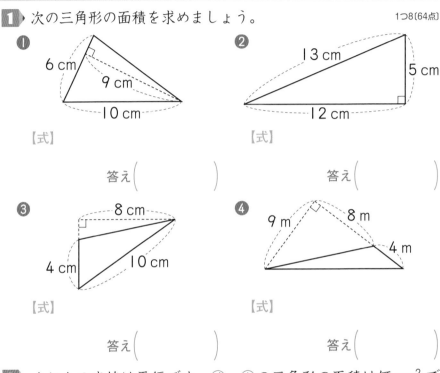

❶ 6 cm　9 cm　10 cm

【式】

答え（　　　　　）

❷ 13 cm　5 cm　12 cm

【式】

答え（　　　　　）

❸ 8 cm　4 cm　10 cm

【式】

答え（　　　　　）

❹ 9 m　8 m　4 m

【式】

答え（　　　　　）

2 カとキの直線は平行です。⑦、⑨の三角形の面積は何 cm² ですか。

1つ9〔36点〕

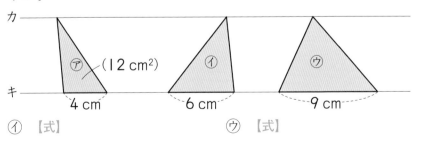

カ

⑦ （12 cm²）

キ　4 cm　6 cm　9 cm

⑦　⑦　⑨

⑨　【式】　　　　⑨　【式】

答え（　　　　　）　　　答え（　　　　　）

答えは
70ページ

月　　　日

きほん
24

13　面積の求め方を考えよう

❷ 三角形の面積の求め方 ②
❸ 三角形の高さと面積の関係

／100点

1▶ 次の四角形の面積を求めましょう。

1つ8〔64点〕

❶　台形

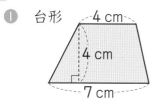

4 cm
4 cm
7 cm

【式】

答え（　　　　　）

❷　台形

7 cm
5 cm
5 cm

【式】

答え（　　　　　）

❸　ひし形

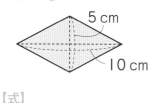

5 cm
10 cm

【式】

答え（　　　　　）

❹

1 cm
1 cm

【式】

答え（　　　　　）

2▶ 三角形の底辺の長さを 2 cm と決めて、高さを 1 cm、2 cm、3 cm、…と変えていきます。それにともなって、面積はどのように変わりますか。下の表のあいているところに、あてはまる数を書きましょう。

1つ9〔36点〕

1 cm
2 cm　2 cm　2 cm　2 cm
…

高さ（cm）	1	2	3	4	5	6
面積（cm²）	1	2	㋐	㋑	㋒	㋓

答えは
70ページ

13　面積の求め方を考えよう

❷ 三角形の面積の求め方 ②
❸ 三角形の高さと面積の関係

/100点

1 次の四角形の面積を求めましょう。

1つ8〔64点〕

❶
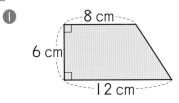
8 cm
6 cm
12 cm

【式】

答え（　　　　　）

❷
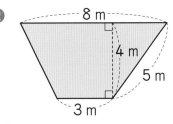
8 m
4 m
5 m
3 m

【式】

答え（　　　　　）

❸ ひし形
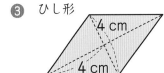
4 cm
4 cm

【式】

答え（　　　　　）

❹
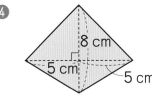
8 cm
5 cm
5 cm

【式】

答え（　　　　　）

2 底辺が6cmの三角形があります。

1つ12〔36点〕

❶ 三角形の高さを□cm、面積を○cm² として、三角形の面積を求める式を書きます。⑦にあてはまる数を求めましょう。

高さ　面積
⑦ ×□÷2=○

（　　　　　）

❷ 高さが15cmのとき、面積は何cm²になりますか。

【式】

答え（　　　　　）

答えは
71ページ

14　比べ方を考えよう⑵
❶ 割合

／100点

1 ▶ 5m をもとにした、次のそれぞれの長さの割合を求めましょう。

1つ7〔28点〕

❶ 1m　　（　　　　　）　　❷ 4m　　（　　　　　）

❸ 5m　　（　　　　　）　　❹ 6m　　（　　　　　）

2 ▶ 小数で表した割合を、百分率で表しましょう。　1つ6〔24点〕

❶ 0.02　（　　　　　）　　❷ 0.57　（　　　　　）

❸ 0.1　　（　　　　　）　　❹ 1.17　（　　　　　）

3 ▶ 百分率で表した割合を、小数で表しましょう。　1つ6〔24点〕

❶ 1%　　（　　　　　）　　❷ 40%　　（　　　　　）

❸ 25.5%　（　　　　　）　　❹ 135%　（　　　　　）

4 ▶ 次の問題に答えましょう。　1つ8〔24点〕

❶ 3m は、4m の何％ですか。　（　　　　　）

❷ 9.2g は、8g の何％ですか。　（　　　　　）

❸ 18L は、30L の何％ですか。　（　　　　　）

14　比べ方を考えよう⑵

❶ 割合

/100点

1 下の表のあいているところに、あてはまる数や百分率を書きましょう。

1つ9〔36点〕

割合を表す小数や整数	㋐	0.74	㋒	3
百分率	20.5%	㋑	163%	㋓

2 次の問題に答えましょう。

1つ8〔24点〕

❶ 48人は、200人の何%ですか。　（　　　　　）

❷ 144円は、1200円の何%ですか。　（　　　　　）

❸ 67.2kgは、48kgの何%ですか。　（　　　　　）

3 あきらさんの学校の児童数は400人で、めがねをかけている人は60人います。学校の児童数をもとにすると、めがねをかけている人は何%ですか。

1つ10〔20点〕

【式】

答え（　　　　　）

4 東公園の面積は3900m²、西公園の面積は3000m²です。西公園の面積をもとにすると、東公園の面積は何%ですか。

1つ10〔20点〕

【式】

答え（　　　　　）

答えは71ページ

月　　　日

きほん **26**

14　比べ方を考えよう(2)

❷ 百分率の問題　　**❸** 練習
❹ わりびき、わりましの問題

/100点

1 次の問題に答えましょう。

1つ10〔60点〕

❶　600gの25%は何gですか。　　（　　　　　）

❷　1200円の14%は何円ですか。　（　　　　　）

❸　160人の70%は何人ですか。　（　　　　　）

❹　18Lの150%は何Lですか。　（　　　　　）

❺　75mの120%は何mですか。　（　　　　　）

❻　90cmが18%にあたるテープの長さ　（　　　　　）
　は、何cmですか。

2 定員が30人のバスに、定員の70%の人が乗っています。
このバスに乗っている人の数の求め方を考えます。

1つ10〔40点〕

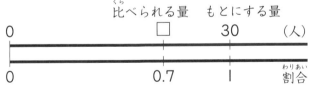

比べられる量　もとにする量

❶　もとにする量は何ですか。また、比べられる量は何ですか。

もとにする量（　　　　　）

比べられる量（　　　　　）

❷　バスに乗っている人の数を求めましょう。

【式】

答え（　　　　　）

答えは
71ページ

かくにん 26

教科書 ⊤ 72〜77 ページ

14 比べ方を考えよう(2)
❷ 百分率の問題 　❸ 練習
❹ わりびき、わりましの問題

月　　　日

10分

／100点

1 さおりさんは 120 ページある本の 85 % を読みました。何ページ読みましたか。また、残りは何ページですか。　1つ10〔20点〕

【式】

答え　読んだページ数 (　　　　　　　　)　　残りのページ数 (　　　　　　　　)

2 ゆきおさんの学校の今日の欠席者数は 13 人で、これは全校の児童数の 2 % にあたります。全校の児童数を求めましょう。

【式】　　　　　　　　　　　　　　　　　　　　　　1つ10〔20点〕

答え (　　　　　　　　)

3 お茶を 270 mL 飲みました。飲んだ量は、はじめにあったお茶の 54 % にあたります。はじめ、お茶は何 mL ありましたか。

【式】　　　　　　　　　　　　　　　　　　　　　　1つ10〔20点〕

答え (　　　　　　　　)

4 あきらさんは、250 円のくだものを 20 % びきのねだんで買いました。代金はいくらですか。　1つ10〔20点〕

【式】

答え (　　　　　　　　)

5 いつもは 1 パックに 150 g 入っている牛肉を、今日は肉の量を 15 % 増やして売っていました。今日は 1 パックに何 g 入っていますか。　1つ10〔20点〕

【式】

答え (　　　　　　　　)

答えは
71ページ

15　割合をグラフに表して調べよう

/100点

1 下の帯グラフはゆうきさんの家の生活費の割合を表したものです。

ゆうきさんの家の生活費の割合

1つ10〔60点〕

| 食費 | ひ服費 | 住居費 | 光熱費 | その他 |

```
0  10  20  30  40  50  60  70  80  90  100%
```

❶ 食費、ひ服費、住居費、光熱費の割合はそれぞれ何％ですか。

食費（　　　　　）ひ服費（　　　　　）住居費（　　　　　）光熱費（　　　　　）

❷ 食費は、全体のおよそ何分の一になりますか。（　　　　　）

❸ 食費は住居費のおよそ何倍ですか。（　　　　　）

2 右の円グラフは、みかさんの住んでいる町の土地利用のようすを表したものです。

1つ10〔40点〕

土地利用の割合

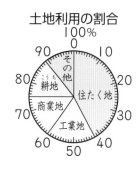

❶ 住たく地、商業地は、それぞれ全体の土地の面積の何％ですか。

住たく地（　　　　　）　商業地（　　　　　）

❷ 町の土地の面積は 24 km² です。工業地の面積は何 km² ですか。

【式】

答え（　　　　　）

15　割合をグラフに表して調べよう

／100点

1 右の表は、読みたい本についてのアンケート結果です。表の結果を、下の円グラフにかきましょう。　〔20点〕

読みたい本の人数

種類	人数(人)	百分率(%)
物語	8	40
科学	5	25
歴史	4	20
その他	3	15
合計	20	100

読みたい本の人数の割合

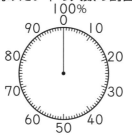
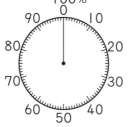

2 右の表は、10月に学校でけがが起きた場所を調べたものです。　1つ16〔80点〕

❶　表のあいているところにあてはまる数を書きましょう。$\frac{1}{10}$ の位を四捨五入して求めましょう。

❷　けがの場所別人数の割合を表す帯グラフをかきましょう。

けがの場所別人数(10月)

場所	人数(人)	百分率(%)
校庭	15	33
ろうか	9	㋐
教室	8	㋑
体育館	7	㋒
その他	7	㋓
合計	46	100

けがの場所別人数の割合（10月）

```
0  10  20  30  40  50  60  70  80  90  100%
```

答えは
71ページ

きほん 28

教科書 Ⓣ 93〜100 ページ

16 変わり方を調べよう⑵
17 多角形と円をくわしく調べよう
❶ 正多角形

月　　　日

10分

／100点

---

1 下の図のように、ストローで三角形を横につなげた形を作ります。

1つ16〔80点〕

❶　三角形の数を 2 個、3 個、4 個、……と増やしたときの、ストローの本数を調べました。表のあいているところに、あてはまる数を書きましょう。

三角形の数 □（個）	1	2	3	4	5
ストローの本数○（本）	3	5	㋐	㋑	㋒

㋐ (　　　　　) 　㋑ (　　　　　) 　㋒ (　　　　　)

❷　三角形の数□個とストローの本数○本の関係を式に表しましょう。

(　　　　　　　　　　)

❸　三角形の数が 40 個のときのストローの本数を求めましょう。

(　　　　　　　　　　)

2 円の中心のまわりの角を等分する方法で、正五角形をかきます。そのとき、㋐の角度は何度ですか。

〔20点〕

(　　　　　　　　　　)

答えは
71ページ

東書版・算数 5 年—**57**

かくにん **28**

16　変わり方を調べよう⑵
17　多角形と円をくわしく調べよう
❶ 正多角形

／100点

1 円の中心のまわりの角を等分する方法で、正六角形をかきました。

1つ11〔55点〕

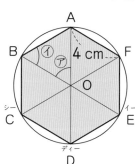

❶ 辺 AB と直線 OF の長さは、それぞれ何cm ですか。

辺 AB（　　　　　　）

直線 OF（　　　　　　）

❷ ⑦の角度は何度ですか。

（　　　　　　）

❸ ⑦の角度は何度ですか。（　　　　　　）

❹ 三角形 OAB は何という三角形ですか。（　　　　　　）

2 右の正八角形について答えましょう。

1つ15〔45点〕

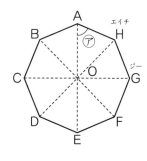

❶ 直線 OA の長さが 7cm のとき、直線 OB の長さは何cm ですか。

（　　　　　　）

❷ ⑦の角度は何度ですか。

（　　　　　　）

❸ 正八角形の 1 つの角の大きさは何度ですか。

（　　　　　　）

答えは 72ページ

月　　日

10分

17　多角形と円をくわしく調べよう
❷ 円のまわりの長さ

／100点

1 次の円の、円周の長さを求めましょう。　　　　1つ6〔48点〕

❶　直径2cmの円

【式】

答え（　　　　　　　）

❷　半径4cmの円

【式】

答え（　　　　　　　）

❸　半径10cmの円

【式】

答え（　　　　　　　）

❹　直径12cmの円

【式】

答え（　　　　　　　）

2 円周の長さが18.84cmの円の直径は、何cmですか。

【式】　　　　　　　　　　　　　　　　　　　1つ8〔16点〕

答え（　　　　　　　）

3 下の図のまわりの長さを求めましょう。　　　1つ9〔36点〕

❶

2cm

❷

6m

【式】

【式】

答え（　　　　　　　）

答え（　　　　　　　）

答えは
72ページ

17　多角形と円をくわしく調べよう
❷ 円のまわりの長さ

10分 ／100点

1 次の円の、円周の長さを求めましょう。　　　　1つ9〔36点〕

❶　半径 3cm の円　　　　　　　❷　直径 50cm の円

【式】　　　　　　　　　　　　　　【式】

答え（　　　　　　　）　　　　答え（　　　　　　　）

2 右の図のまわりの長さを求めましょう。　　　1つ9〔18点〕

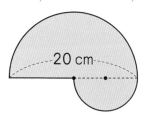

20 cm

【式】

答え（　　　　　　　）

3 車輪の直径が 64cm の自転車があります。この自転車の車輪が 1 回転すると、自転車は何cm 進みますか。　　1つ9〔18点〕

【式】

答え（　　　　　　　）

4 まわりの長さが 50m の円の形をした池があります。この池の直径の長さは約何m ですか。答えは四捨五入して、$\frac{1}{10}$ の位までのがい数で求めましょう。　　1つ9〔18点〕

【式】

答え（　　　　　　　）

5 直径 210cm の円の円周の長さは、直径 21cm の円の円周の長さの何倍ですか。　　　〔10点〕

（　　　　　　　）

答えは 72ページ

18　立体をくわしく調べよう

❶ 角柱と円柱
❷ 角柱と円柱の展開図

／100点

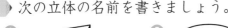

1 次の立体の名前を書きましょう。　　　　　1つ10〔30点〕

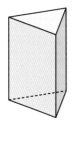

❶

❷

❸

(　　　　　　　) (　　　　　　　) (　　　　　　　)

2 右下のような角柱の展開図を組み立てます。　1つ14〔70点〕

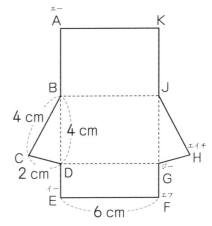

❶　この角柱は何という角柱で
すか。

(　　　　　　　　　　)

❷　この角柱の高さは何cmで
すか。
(　　　　　　　　　　)

❸　辺KJの長さは何cmです
か。

(　　　　　　　　　　)

❹　点Cに集まる点を全部答えましょう。

(　　　　　　　　　　　　　)

❺　面BCDに平行な面はどれですか。

(　　　　　　　　　　　　　)

かくにん **30**

18　立体をくわしく調べよう

❶ 角柱と円柱

❷ 角柱と円柱の展開図

／100点

1 下のような三角柱の展開図をかきましょう。　〔30点〕

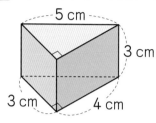

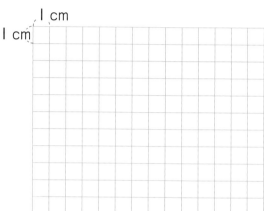

1 cm

1 cm

2 下のような円柱の展開図をかきます。　1つ35〔70点〕

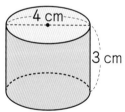

1 cm

1 cm

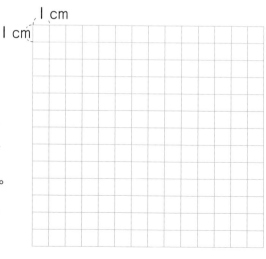

❶　側面の展開図は長方形で、たては 3cm です。横は何 cm ですか。

（　　　　　）

❷　この円柱の展開図をかきましょう。

答えは
72ページ

5年のふくしゅう
力だめし①

／100点

1 （　）の中の数の公約数を、全部求めましょう。　　　1つ6〔12点〕

❶ （16、40）（　　　　　）　　　❷ （28、35）（　　　　　）

2 （　）の中の数の最小公倍数を求めましょう。　　　1つ6〔12点〕

❶ （3、7）　（　　　　　）　　　❷ （9、15）（　　　　　）

3 次のわり算の商を、分数で表しましょう。　　　1つ6〔12点〕

❶ 1÷4　（　　　　　）　　　❷ 17÷7　（　　　　　）

4 計算をしましょう。　　　1つ8〔32点〕

❶ $\dfrac{4}{5}+\dfrac{2}{3}$

❷ $2\dfrac{1}{6}+\dfrac{3}{10}$

❸ $\dfrac{7}{9}-\dfrac{7}{12}$

❹ $2\dfrac{11}{18}-\dfrac{1}{2}$

5 計算をしましょう。わり算は、わりきれるまでしましょう。

❶ 5.7×8.7　　　❷ 0.73×9.4　　　1つ8〔32点〕

❸ 31.8÷5.3　　　❹ 2.59÷0.35

5年のふくしゅう
力だめし ②

／100点

1 下の図形の面積を求めましょう。　　　　1つ12〔48点〕

❶
7 cm

12 cm

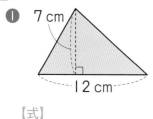

❷　平行四辺形

5 cm

4 cm

【式】

答え（　　　　　）

【式】

答え（　　　　　）

2 右の直方体の体積を求めましょう。　　　　1つ12〔24点〕

【式】

答え（　　　　　）

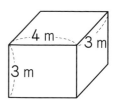

4 m　3 m

3 m

3 右の表は、A、B のうさぎ小屋の面積とうさぎの数を表しています。AとBでは、どちらのうさぎ小屋がこんでいますか。　〔16点〕

（　　　　　）

小屋の面積とうさぎの数

	面積(m²)	数(ひき)
A	9	15
B	15	18

4 12g は、15g の何％ですか。　　　〔12点〕

（　　　　　）

答えは
72ページ

答え

1 ❶ 2、5、0、8 ❷ 8562

2 ❶ 100倍 ❷ 1000倍

3 ❶ $\dfrac{1}{100}$ ❷ $\dfrac{1}{100}$

4 ❶ 485 ❷ 87600
   ❸ 0.621 ❹ 0.0998

★ ★ ★

1 ❶ < ❷ >

2 19.742

3 ❶ 100倍 ❷ 10000倍

4 ❶ $\dfrac{1}{10}$ ❷ $\dfrac{1}{100}$

5 ❶ 58.1 ❷ 200
   ❸ 0.584 ❹ 0.8

2

1 ❶ 4cm³ ❷ 8cm³ ❸ 16cm³

2 ❶ 3×3×3=27   27cm³
   ❷ 5×6×4=120 120cm³

3 4×5×2=40   40cm³

★ ★ ★

1 ❶ 6×5×4−6×3×2=84
                 84cm³
   ❷ 5×(2+3)×(2+2)
    −5×2×2=80   80cm³

❸ 4×6×4−2×2×4=80
                 80cm³

❹ 8×6×4−4×6×2
  =144   144cm³

2 ❶ (6+2)×(4+2)×3−2
    ×2×3×2=120
                 120cm³

   ❷ 9×8×6−(9−3−3)×5
    ×6=342   342cm³

3

1 ❶ 1000000cm³ ❷ 1m³

2 ❶ 500 ❷ 4 ❸ 10

3 (22−1×2)×(22−1×2)
   ×(21−1)=8000
             8000cm³、8L

★ ★ ★

1 ❶ 6×3×3=54   54m³
   ❷ 5×5×5=125 125m³

2 ❶ 6000000
   ❷ 5000 ❸ 300

3 60×60×40=144000
   144−54=90   90L

4

1 ❶ ㋐ 24 ㋑ 36 ㋒ 48
   ❷ 2倍になる。 ❸ 12

★ ★ ★

1 ❶ ㋐ 60　㋑ 90　㋒ 120
❷ 比例している。
❸ 30×□=○　❹ 300g

2 ㋐

5　11・12ページ

1 ❶ 587.5　❷ 587.5
❸ 58.75

2 ❶ 335.4　❷ 9.45
❸ 15.183　❹ 7.86
❺ 0.496　❻ 0.85

3 1.46×1.8=2.628
2.628kg

★ ★ ★

1 ❶ 241.56　❷ 241.56
❸ 24.156

2 ❶ 3243.9　❷ 7.75
❸ 18.1　❹ 1.28
❺ 1.5　❻ 0.77

3 0.85×2.6=2.21　2.21kg

6　13・14ページ

1 ㋑

2 ❶ 6.75　❷ 0.48
❸ 0.028　❹ 0.47

3 ❶ 10、23
❷ 1.8、8.2、2.5、10、2.5、25
❸ 5.6、0.6、1.2、5、1.2、6

★ ★ ★

1 10、0.1、6、10、6、0.1、6、60、0.6、59.4

2 ❶ 56　❷ 10　❸ 47
❹ 2.8　❺ 79.2　❻ 108.9

3 3.7×1.9=7.03　7.03m^2

7　15・16ページ

1 550÷2.5=220　220g

2 ❶ 9.5　❷ 9.5

3 ❶ 1.4　❷ 7　❸ 0.4　❹ 2.5

4 ❶ 2.8　❷ 6.2

★ ★ ★

1 ❶ 2.1　❷ 4.5　❸ 24
❹ 0.8　❺ 0.225　❻ 7.5

2 最も大きくなるもの…㋑
最も小さくなるもの…㋐

3 6.18÷2.6=2.37…　約2.4kg

8　17・18ページ

1 商…44　あまり…5.8
検算…44、5.8、283

2 ❶ 白…2倍　青…0.5倍
❷ 1.5倍…黄　0.5倍…赤

3 B

★ ★ ★

1 商…2　あまり…1

2 150÷1.2=125　125cm

3 ❶ 3.6÷0.9=4　4倍
❷ 0.9÷3.6=0.25　0.25倍

9　19・20ページ

1 ㋐と㋒、㋑と㋗、㋓と㋖

2 ❶ 辺AB…辺EF　角C…角D
❷ 辺DE…3.6cm　角F…65°

3 ㋐、㋑

★ ★ ★

1 ❶【例】 ❷【例】

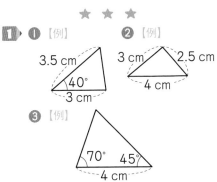

❸【例】

2 【例】

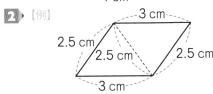

10 21・22ページ

1 ❶ 180
　❷ 五角形、六角形、多角形
2 ❶ 45°　❷ 80°　❸ 100°
3 ❶ 75°　❷ 35°　❸ 125°

★ ★ ★

1 ㋐360°　㋑540°　㋒4　㋓720°
2 ❶ 60°　❷ 45°　❸ 65°
3 ❶ 40°　❷ 105°　❸ 75°

11 23・24ページ

1 2、4、6、8、10
2 132
3 ❶ 5、10、15　❷ 9、18、27
4 ❶ 30、60、90　最小公倍数 30
　❷ 6、12、18　最小公倍数 6
　❸ 28、56、84　最小公倍数 28
　❹ 30、60、90　最小公倍数 30

★ ★ ★

1 ❶ 40、80、120
　❷ 36、72、108
　❸ 28、56、84
　❹ 30、60、90
2 ❶ 60　❷ 315　❸ 18　❹ 24
3 ❶ 30cm　　❷ 15まい

12 25・26ページ

1 ❶ 1、2、4　❷ 1、2、3、6
　❸ 1、3、9　❹ 1、3、5、15
　❺ 1、2、4、5、10、20
　❻ 1、2、3、4、6、8、12、24
2 ❶ 1、2　❷ 1、2、4
　❸ 1、5　❹ 1、2、4、8
3 ❶ 4　❷ 5　❸ 21　❹ 8
4 4cm

★ ★ ★

1 ❶ 1、2　❷ 1、2、4
　❸ 1、2、3、6　❹ 1、2、4、8
2 ❶ 7　❷ 5　❸ 9　❹ 2
3 8人
4 えん筆…3本　ペン…4本

13 27・28ページ

1 ❶ $\frac{4}{7}$　❷ $\frac{5}{3}\left(1\frac{2}{3}\right)$　❸ $\frac{7}{6}\left(1\frac{1}{6}\right)$
　❹ $\frac{2}{9}$　❺ $\frac{8}{7}\left(1\frac{1}{7}\right)$　❻ $\frac{15}{8}\left(1\frac{7}{8}\right)$
2 ❶ 1　❷ 2　❸ 9　❹ 3
3 $6\div7=\frac{6}{7}$　　　　　　$\frac{6}{7}$倍
4 ❶ $\frac{3}{7}$倍　❷ $\frac{4}{5}$倍　❸ $\frac{10}{9}\left(1\frac{1}{9}\right)$

★ ★ ★

東書版・算数5年—**67**

1 ① $\dfrac{7}{4}\left(1\dfrac{3}{4}\right)$ ② $\dfrac{3}{5}$ ③ $\dfrac{6}{11}$

④ $\dfrac{14}{15}$ ⑤ $\dfrac{7}{3}\left(2\dfrac{1}{3}\right)$ ⑥ $\dfrac{9}{5}\left(1\dfrac{4}{5}\right)$

2 ① 2 ② 7 ③ 10 ④ 20

3 $5\div4=\dfrac{5}{4}$ $\dfrac{5}{4}\left(1\dfrac{1}{4}\right)$ m

4 ① B…$\dfrac{5}{17}$倍 C…$\dfrac{22}{17}\left(1\dfrac{5}{17}\right)$倍

② $\dfrac{5}{22}$倍

14　29・30ページ

1 ① 分数…$\dfrac{1}{4}$ L、小数…0.25 L

② 分数…$\dfrac{4}{5}$ m、小数…0.8 m

2 ① 0.4 ② 1.375

3 ① $\dfrac{4}{5}$ ② $\dfrac{401}{100}\left(4\dfrac{1}{100}\right)$

4
```
0  0.1          0.6        1       4/5
├──┼──┼──┼──┼──┼──┼──┼──┼──┼──┤
0      1/5             4/5     1
```
$\dfrac{4}{5}$

★ ★ ★

1 ① 0.8 ② 0.875 ③ 1.5
④ 2.5 ⑤ 9 ⑥ 3.25

2 ① $\dfrac{7}{10}$ ② $\dfrac{59}{100}$

③ $\dfrac{6}{1}$ ④ $\dfrac{107}{100}\left(1\dfrac{7}{100}\right)$

3 ① < ② = ③ < ④ >

15　31・32ページ

1 ① $\dfrac{2}{3}$ ② $\dfrac{7}{4}$ ③ $1\dfrac{7}{12}$ ④ 6

2 ① ⑦、エ

3 ① < ② =

4 ① $\dfrac{10}{15}$、$\dfrac{3}{15}$ ② $1\dfrac{9}{12}$, $1\dfrac{2}{12}$

③ $\dfrac{4}{12}$、$\dfrac{3}{12}$、$\dfrac{2}{12}$ ④ $\dfrac{18}{24}$, $\dfrac{28}{24}$, $\dfrac{15}{24}$

★ ★ ★

1 ① $\dfrac{5}{9}$ ② $\dfrac{7}{3}$ ③ $1\dfrac{3}{5}$

④ 5 ⑤ $\dfrac{7}{6}$ ⑥ $2\dfrac{1}{2}$

2 ① < ② >

3 ① $\dfrac{3}{6}$、$\dfrac{1}{6}$ ② $1\dfrac{16}{60}$, $2\dfrac{21}{60}$

③ $\dfrac{9}{18}$、$\dfrac{12}{18}$、$\dfrac{10}{18}$

④ $\dfrac{16}{24}$、$\dfrac{21}{24}$、$\dfrac{10}{24}$

16　33・34ページ

1 ① $\dfrac{11}{15}$ ② $\dfrac{29}{18}\left(1\dfrac{11}{18}\right)$

③ $\dfrac{1}{12}$ ④ $\dfrac{11}{14}$

2 ① 5、21、26、13
② 14、9、3

3 ① $\dfrac{17}{12}\left(1\dfrac{5}{12}\right)$ ② $\dfrac{3}{2}\left(1\dfrac{1}{2}\right)$

③ $\dfrac{13}{8}\left(1\dfrac{5}{8}\right)$ ④ $\dfrac{7}{18}$

★ ★ ★

1 ① $\dfrac{17}{21}$ ② $\dfrac{29}{18}\left(1\dfrac{11}{18}\right)$ ③ $\dfrac{1}{6}$

④ $\dfrac{13}{24}$ ⑤ $\dfrac{1}{4}$ ⑥ $\dfrac{47}{56}$

② $\dfrac{6}{5}+\dfrac{3}{10}=\dfrac{3}{2}$ $\dfrac{3}{2}\left(1\dfrac{1}{2}\right)$kg

③ $\dfrac{13}{6}-\dfrac{7}{4}=\dfrac{5}{12}$ $\dfrac{5}{12}$dL

17   35・36ページ

1
① 8、3、2、11
② 8、32、3、35、2、11
③ $\dfrac{7}{10}$、$\dfrac{5}{20}$、$\dfrac{14}{20}$、$\dfrac{19}{20}$
④ 0.25、0.95

2 ① $3\dfrac{17}{21}\left(\dfrac{80}{21}\right)$ ② $2\dfrac{2}{9}\left(\dfrac{20}{9}\right)$
③ $1\dfrac{2}{15}\left(\dfrac{17}{15}\right)$ ④ $3\dfrac{1}{12}\left(\dfrac{37}{12}\right)$
⑤ $\dfrac{2}{3}$ ⑥ $\dfrac{1}{8}(0.125)$

★ ★ ★

1 ① $3\dfrac{17}{24}\left(\dfrac{89}{24}\right)$ ② $3\dfrac{2}{15}\left(\dfrac{47}{15}\right)$
③ $2\dfrac{23}{30}\left(\dfrac{83}{30}\right)$ ④ $1\dfrac{1}{42}\left(\dfrac{43}{42}\right)$
⑤ $1\dfrac{1}{5}\left(\dfrac{6}{5}\right)$ ⑥ $1\dfrac{7}{12}\left(\dfrac{19}{12}\right)$
⑦ $\dfrac{7}{10}(0.7)$ ⑧ $\dfrac{17}{15}\left(1\dfrac{2}{15}\right)$

2 ① $\dfrac{1}{3}$ ② $\dfrac{1}{20}$
③ $\dfrac{11}{20}$ ④ $1\dfrac{5}{6}\left(\dfrac{11}{6}\right)$

18   37・38ページ

1 ① 19 L ② 33人 ③ 6.5点
2 (55＋35＋45＋35＋40＋45＋60)÷7＝45 45分(間)

③ 20×20＝400   400ページ

★ ★ ★

1 ① 25g ② 3.25m
2 ① (110＋135＋120＋140＋120)÷5＝125   125g
  ② 5000÷125＝40   40個
3 (6.6＋6.9＋6.8＋6.5)÷4＝6.7   6.7cm

19   39・40ページ

1 ① 南公園…48÷300＝0.16   0.16人
     北公園…60÷480＝0.125   0.125人
  ② 南公園…300÷48＝6.25   6.25m²
     北公園…480÷60＝8   8m²
  ③ 南公園   ④ 40人
2 A…800÷10＝80
  B…510÷6＝85   ジュースA

★ ★ ★

1 A県…7530000÷5124＝1469.5…
     (1km² あたり)約1500人
  B県…3680000÷7253＝507.3…
     (1km² あたり)約510人
2 ① 乗用車…126÷12＝10.5
     トラック…141÷15＝9.4 乗用車
  ② 10.5×20＝210 210km
3 8.4÷0.8＝10.5   10.5dL

20   41・42ページ

1 さとし、こうたの順に、
  ① 60÷10＝6   6m

$80 \div 16 = 5$ 5 m

❷ $10 \div 60 = 0.166\cdots$ 約 0.17 秒

$16 \div 80 = 0.2$ 0.2 秒

❸ さとしさん

2 $144 \div 3 = 48$ 時速 48 km

3 $1000 \div 20 = 50$ 分速 50 m

★ ★ ★

1 ❶ A $2600 \div 10 = 260$ 260 m

B $1500 \div 6 = 250$ 250 m

❷ A さん

2 $27000 \div 30 = 900$

$900 \div 60 = 15$

$900 \times 60 = 54000$

分速 900 m、秒速 15 m、時速 54 km

3 $216 \div 2 = 108$

$108000 \div 60 = 1800$

$1800 \div 60 = 30$

時速 108 km、分速 1800 m、秒速 30 m

21   43・44ページ

1 $500 \times 20 = 10000$ 10 km

2 $10 \times 20 = 200$ 200 m

3 $1500 \div 60 = 25$ 25 分

4 $300 \div 2 = 150$ 2 分 30 秒

5 $1700 \div 200 = 8.5$ 8 分 30 秒

★ ★ ★

1 $18 \div 60 = 0.3$

$0.3 \times 10 = 3$ 3 km

2 $72 \div 60 = 1.2$

$1.2 \times 25 = 30$ 30 km

3 $12 \times (4 \times 60) = 2880$ 2880 m

4 $120 \div 48 = 2.5$ 2 時間 30 分

5 $7500 \div 600 = 12.5$ 12 分 30 秒

22   45・46ページ

1 ❶ $8 \times 9 = 72$ 72 cm²

❷ $9 \times 6 = 54$ 54 cm²

❸ $4 \times 12 = 48$ 48 cm²

❹ $6 \times 3 = 18$ 18 cm²

2 $72 \div 8 = 9$ 9

★ ★ ★

1 ❶ $5 \times 5 = 25$ 25 cm²

❷ $2.5 \times 2 = 5$ 5 cm²

❸ $7 \times 8 = 56$ 56 m²

❹ $2 \times 4.5 = 9$ 9 cm²

2 ㋐…$3 \times 3 = 9$ 9 cm²

㋑…$1 \times 3 = 3$ 3 cm²

23   47・48ページ

1 ❶ $8 \times 7 \div 2 = 28$ 28 cm²

❷ $3 \times 10 \div 2 = 15$ 15 cm²

❸ $5 \times 6 \div 2 = 15$ 15 m²

❹ $8 \times 5 \div 2 = 20$ 20 cm²

2 ㋒

★ ★ ★

1 ❶ $6 \times 9 \div 2 = 27$ 27 cm²

❷ $12 \times 5 \div 2 = 30$ 30 cm²

❸ $4 \times 8 \div 2 = 16$ 16 cm²

❹ $4 \times 9 \div 2 = 18$ 18 m²

2 ㋑…$6 \times 6 \div 2 = 18$ 18 cm²

㋒…$9 \times 6 \div 2 = 27$ 27 cm²

24   49・50ページ

1 ❶ $(4+7) \times 4 \div 2 = 22$ 22 cm²

❷ $(5+7) \times 5 \div 2 = 30$ 30 cm²

❸ $5 \times 10 \div 2 = 25$ 25 cm²

④ $4 \times 6 \div 2 = 12$ $12\,cm^2$

2 ⑦ 3 ⑦ 4 ⑦ 5 ⑦ 6

1 ① $(8+12) \times 6 \div 2 = 60$ $60\,cm^2$

② $(8+3) \times 4 \div 2 = 22$ $22\,m^2$

③ $4 \times (4 \times 2) \div 2 = 16$ $16\,cm^2$

④ $8 \times 5 \div 2 \times 2 = 40$ $40\,cm^2$

2 ① 6

② $6 \times 15 \div 2 = 45$ $45\,cm^2$

25
51・52ページ

1 ① 0.2 ② 0.8 ③ 1 ④ 1.2

2 ① 2% ② 57%

③ 10% ④ 117%

3 ① 0.01 ② 0.4

③ 0.255 ④ 1.35

4 ① 75% ② 115% ③ 60%

★ ★ ★

1 ⑦ 0.205 ⑦ 74%

⑦ 1.63 ⑦ 300%

2 ① 24% ② 12% ③ 140%

3 $60 \div 400 = 0.15$ 15%

4 $3900 \div 3000 = 1.3$ 130%

26
53・54ページ

1 ① 150g ② 168円 ③ 112人

④ 27L ⑤ 90m ⑥ 500cm

2 ① もとにする量…バスの定員

比べられる量

…バスに乗っている人の数

② $30 \times 0.7 = 21$ 21人

★ ★ ★

1 $120 \times 0.85 = 102$

$120 - 102 = 18$

読んだページ数…102ページ

残りのページ数…18ページ

2 $13 \div 0.02 = 650$ 650人

3 $270 \div 0.54 = 500$ 500mL

4 $250 \times (1 - 0.2) = 200$ 200円

5 $150 \times (1 + 0.15) = 172.5$

172.5g

27
55・56ページ

1 ① 食費…34% ひ服費…14%

住居費…12% 光熱費…9%

② およそ $\dfrac{1}{3}$ ③ およそ3倍

2 ① 住たく地…42% 商業地…15%

② $24 \times 0.18 = 4.32$ $4.32\,km^2$

★ ★ ★

1

2 ① ⑦ 20 ⑦ 17 ⑦ 15 ⑦ 15

②

校庭	ろうか	教室	体育館	その他

0 10 20 30 40 50 60 70 80 90100%

28
57・58ページ

1 ① ⑦ 7   ⑦ 9   ⑦ 11

② $3 + 2 \times (\square - 1) = \bigcirc$

③ 81本

2 72°

★ ★ ★

1 ❶ 辺 AB…4cm、直線 OF…4cm
❷ 60°　❸ 60°　❹ 正三角形
2 ❶ 7cm　❷ 67.5°　❸ 135°

29

59・60ページ

1 ❶ 2×3.14=6.28　6.28cm
❷ 4×2×3.14=25.12
25.12cm
❸ 10×2×3.14=62.8
62.8cm
❹ 12×3.14=37.68
37.68cm
2 18.84÷3.14=6　　6cm
3 ❶ 2×2×3.14÷2+2×2
=10.28　　10.28cm
❷ 6×3.14÷2+6
=15.42　　　15.42m

★ ★ ★

1 ❶ 3×2×3.14=18.84
18.84cm
❷ 50×3.14=157　157cm
2 20×3.14÷2+10×3.14
÷2+10=57.1　　57.1cm
3 64×3.14=200.96
200.96cm
4 50÷3.14=15.92…
約15.9m
5 10倍

30

61・62ページ

1 ❶ 三角柱　❷ 円柱　❸ 五角柱

2 ❶ 三角柱　❷ 6cm　❸ 4cm
❹ 点A、点E　❺ 面JHG

★ ★ ★

1 【例】

2 ❶ 12.56cm
❷【例】

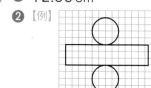

31

63ページ

1 ❶ 1、2、4、8
❷ 1、7
2 ❶ 21　　　　❷ 45
3 ❶ $\frac{1}{4}$　　　　❷ $\frac{17}{7}\left(2\frac{3}{7}\right)$
4 ❶ $\frac{22}{15}\left(1\frac{7}{15}\right)$　❷ $2\frac{7}{15}\left(\frac{37}{15}\right)$
❸ $\frac{7}{36}$　　　　❹ $2\frac{1}{9}\left(\frac{19}{9}\right)$
5 ❶ 49.59　　❷ 6.862
❸ 6　　　　❹ 7.4

32

64ページ

1 ❶ 12×7÷2=42　　42cm²
❷ 4×5=20　　　20cm²
2 3×4×3=36　　　36m³
3 A
4 80%